LETTRE

ADRESSÉE A M. LEROY,

CHIRURGIEN CONSULTANT A PARIS.

> JE déclare que je laisse ma méthode sous la sauve-garde des hommes sensés et sincèrement amis du bien-être de leurs concitoyens.
>
> LEROY, 12ᶜ édit.

MONSIEUR,

Vagues assertions, injures, calomnies.... telles sont les armes favorites de vos antagonistes auxquelles n'a pas manqué d'avoir recours un *quidam*, dont la diatribe virulente a été insérée dans le numéro 223 du journal du Commerce de Lyon. Vous mépriserez, sans doute, un semblable libelle qui ne peut ternir votre gloire, parce qu'elle a pour bases inébranlables : *La vérité et l'expérience !* c'est la lime que le serpent ne peut ronger....

Mais si, en vous reposant sous vos lauriers, vous pouvez voir avec le sourire du dédain, les attaques réitérées et toujours infructueuses de vos adversaires, il est de notre devoir envers vous, Monsieur, dont les médicamens et les directions ont rétabli notre santé et même prolongé notre vie, soit envers nos concitoyens, qu'il est essentiel de désabuser et d'éclairer sur leurs véritables intérêts ; il est de notre devoir, disons-nous, de faire éclater publiquement notre profond respect et notre vive reconnaissance pour le célèbre auteur de la *Médecine curative*, dont le nom et les bienfaits passeront certainement à la postérité la plus reculée.

L'anonyme, qui parait être un de ces marchands titrés

d'ordonnances ou de remèdes, qui craignent de voir tarir la source de leur pactole, ne pouvant s'armer du flambeau de la *vérité*, dont il a quelques raisons de redouter la lumière, cherche à jeter du ridicule sur votre remède qu'il appelle *bannal* et qu'il prétend ne pouvoir convenir *à tous les tempéramens*, *à tous les âges*, *à tous les sexes*, *à toutes les maladies*, et il donne à entendre qu'il n'y a que *des ignorans*, ou *des amis de la destruction*, qui puissent adopter les principes de votre Méthode curative.

D'après cet arrêt, auquel *Momus* aura certainement applaudi, un grand nombre de vénérables ecclésiastiques, qui publient l'efficacité de vos évacuans, et les administrent à leurs paroissiens, de médecins philantropes et très-éclairés, d'illustres guerriers, de chevaliers de Saint-Louis ou de la Légion-d'Honneur, de marquis, de comtes, de magistrats, de maires, de négocians, de propriétaires, etc. etc. : tous ces hommes, disons-nous, distingués, soit par leur rang éminent, soit par leur philantropie et leur patriotisme, ne seraient donc que des *ignorans*, et des *amis de la destruction ! ! !* (1)

---

(1) Voici le nom de quelques-uns de ces hommes distingués ; qu'un disciple de *Broussais*, grand prêtre de *Lucine*, se permet de taxer d'*ignorance* et à qui il ose reprocher de contribuer à l'aggrandissement d'un *ulcère public* ; c'est ainsi qu'il désigne le remède de M. Leroy : MM. les abbés de Chauvigny, aumônier du roi ; Ménard, auteur du charlatanisme démasqué. MM. les curés Dussault, Rémi, Labat, Ledru, de Grandpré, Contensous, Brice, Gille, Regnard, Gosard, Chatelain, Maire, Boileau et Légaigneux, aumônier : MM. les docteurs en médecine : Martin, collaborateur de M. Leroy, ancien pharmacien et médecin des armées, docteur en médecine de la faculté de Paris ; Renard, docteur de la faculté de Paris, Labée, le Bœuf. Docteurs en chirurgie, Lacroix, Cadot, médecin, chirurgien ; Delcasse, Maréchal, Lelouis, ancien chirurgien de première classe, Gallio, pharmacien, et beaucoup d'autres qui ont approuvé la méthode curative de M. Leroy, mais qui ne lui ont pas permis de les nommer, pour ne pas être exposés aux persécutions de leurs confrères. Parmi les *ignorans* et les fauteurs *de la destruction*, on remarque encore MM. Quévane, ingenieur en chef, le maréchal-de-camp de Gueurel, le lieutenant-colonel Lemoine, les chefs d'escadron et de bataillon Guilleminot, Pastre-Verdier, Chabert, Broussous, Chevalier, Poilvé ; les capitaines Delyvet, Bouchard, Chauvin, Bazin, lieutenant de vaisseau ; tous chevalier de St-Louis ou de la Legion-d'Honneur, ainsi que MM. Sombreuil, Taste, Labey de Vauquemont, Piquet, Girod ; etc. M. le marquis de Lagarde ; MM. les comtes de Ballincourt, de Busset ; MM. les présidens Couet et Michéli ; Durdaine, vérificateur des cadastres, Ardent-Dupic, vérificateur de l'enrégistrement ; Arnous, chevalier, ancien juge et membre d'une grande administration à Paris ; Corbineau, controleur des postes ; MM. les chevaliers et maires, Chevalier, de Busset, de Bozou, Gautier, Bernard ; MM. les professeurs J. B. Roy, Domengie, Perrez, et une multitude de négocians, d'artistes et de propriétaires dont l'énumération seroit trop longue, et qui ne sont que *des ignorans et des fauteurs de la destruction*, aux yeux des antagonistes de la Médecine curative ! !

(3)

Mais, j'ose le demander à toute personne douée d'un gros bon sens, peut-on taxer d'*ignorance* les personnes qui adoptent et respectent *les leçons de l'expérience*, ce maître des maîtres, ce maître par excellence? Ces leçons de l'expérience sont consignées dans *la Médecine curative prouvée et justifiée par les faits;* c'est dans ce recueil de cures de toutes les espèces de maladies, que l'on trouve des preuves multipliées que vos précieux évacuans conviennent *à tous les tempéramens, à tous les âges, à tous les sexes, et à toutes les maladies,* pourvu que l'on y ait recours à temps, selon vos prescriptions et avant que le mal soit trop enraciné, que les viscères soient lésés, ou que la nature soit entièrement épuisée.

Vos détracteurs, que la vérité importune, ont cherché à faire naître des doutes sur la réalité de ces cures, dont ils sont jaloux, et qu'ils ne peuvent opérer avec leurs remèdes palliatifs. Mais vous leur avez fermé la bouche, Monsieur, en offrant, dans deux numéros de votre *Gazette des malades*, de déposer en mains sûres, contre la mise en jeu d'une pièce de cent sols, cent et même mille francs, que gagnerait la personne qui aurait prouvé devant une autorité compétente la fausseté des pièces où les faits publiés auront été puisés. Cependant, malgré une provocation aussi solennelle, aucun de vos nombreux adversaires n'a osé relever le gand que vous leur avez jeté si noblement. Le silence de ceux qui ont tant d'intérêt à vous décréditer, est le plus beau fleuron de votre couronne; car il prouve, non-seulement votre véracité, mais aussi cette sublime vérité, *que toutes les maladies n'ayant qu'une seule et même cause, un seul remède tendant à l'expulser, suffit pour les détruire.*

Comme il n'est pas possible de nier des cures qui sont de notoriété publique, et où tout l'art des praticiens a échoué, l'anonyme cherche à inspirer une terreur panique aux personnes qui ont été guéries par votre remède, en affirmant avec une audace et une perfidie sans égale, *qu'il est incendiaire, qu'il embrâse sourdement les tissus intérieurs; qu'il y forme une espèce de vésicatoire qui creuse lentement le tombeau des infortunés trompés par une aveugle confiance, et que s'ils échappent à ce breuvage impur, la première maladie qui les frappe leur pardonne rarement.* Il termine sa diatribe en disant au journaliste pour l'engager à la publier : *si vous parvenez à préserver quelques personnes des effets de ce poison, vous aurez à vous féliciter de les avoir sauvées d'une mort aussi DOU-LOUREUSE QUE CERTAINE.*

Voilà ce que l'anonyme appelle *une cruelle vérité pour ceux qui déjà ont puisé dans la coupe empoisonnée ;* mais que nous tous , qui avons pris ce prétendu poison, déclarons n'être qu'une calomnie d'autant plus atroce qu'elle peut avoir les suites les plus funestes, en frappant l'imagination de personnes trop crédules.

Si donc on était disposé à ajouter une foi aveugle aux assertions de l'anonyme qui, par un reste de pudeur, a caché son nom, il en résulterait qu'une personne qui auroit été guérie radicalement par vos évacuans , jouissant d'une santé brillante avec un teint de lis et de rose , n'éprouvant aucune douleur ni même ce malaise qu'occasionne ordinairement un vésicatoire ; ayant un bon appétit , dormant bien, faisant régulièrement ses fonctions naturelles ; enfin cette personne infortunée, malgré les signes certains d'une bonne santé, jetée cependant dans une fatale sécurité , porterait intérieurement au dedans d'elle *un vésicatoire qui creuseroit lentement son tombeau , et qui , tôt ou tard , lui procureroit une mort aussi douloureuse que certaine ! ! !* O Molière, ou es-tu ? nous sommes en train de rire , viens nous représenter ce nouveau Midas portant les grelots de la folie ! C'est ici où l'on peut dire : *qui avance trop ne prouve rien ;* c'est pourquoi nous ne perdrons pas notre temps à refuter une aberration d'esprit aussi manifeste que celle d'un cerveau fêlé qui affirmerait *qu'il fait nuit en plein midi.*

J'ai vu succomber , continue l'anonyme, *en peu d'années plus de soixante-dix personnes à ce terrible poison.* Lorsque l'on veut persuader, il faut de toute nécessité prouver par des faits authentiques ce que l'on avance, ainsi que vous l'avez, Monsieur, constamment fait ; mais ce n'est pas la coutume de vos antagonistes ; ils doivent être crus sur leur simple parole, car ces Messieurs qui n'ont jamais été convaincus *juridiquement* de vous avoir calomnié et injustement persécuté, doivent être crus comme évangile ; il ne seroit pas de la dignité de ces êtres brévetés et privilégiés de nommer les victimes de vos évacuans , et de donner des détails qui prouveraient qu'ils étaient la cause unique et immédiate de leur mort! Faut-il s'en rapporter à la bonne foi de notre anonyme, lorsqu'il dit que *votre remède a été condamné par les Tribunaux !* Si quelques-uns de ces incrédules qui ne croient que ce qu'ils voient, s'avisoient de consulter les Annales de la jurisprudence, ils pourraient se convaincre que, dans toutes les occasions où vos adversaires ont osé vous attaquer, ainsi que vos correspondans, en criant à tue-tête au charlatanisme, au poison, au vert de gris; etc. ils ont été battus à plate couture; ils trouveraient encore, à l'article de votre procès à Paris, que le célèbre Vauquelin, ce savant dont la France et l'Europe admirent les talens, ayant été chargé de faire une analyse chimique et pharmaceutique de vos médicamens, il avait déclaré, non seulement *qu'ils ne renfermoient rien DE NUISIBLE A LA SANTÉ, mais encore que leurs élémens et la composition étaient consignés en toutes lettres dans tous les ouvrages de la pharmacie.* Ils trouveraient encore que deux docteurs de la capitale, qui n'étoient rien moins que vos partisans, commis par l'autorité judiciaire, bien loin de prononcer *que vos médicamens étaient des poisons actifs et très-actifs, ou de ces poisons lents, dont on ne manquera pas tôt ou tard de ressentir les funestes effets,* se contentèrent de dire, *que la combinaison des remèdes du sieur Leroy n'offrait aucun avantage sur les autres médicamens simples ou composés, appartenant à la classe des remèdes drastiques, ou éméto-cathartiques.* (Charlatanisme démasqué, 4ᵉ édition, pages 248, 249.) Enfin ils trouveraient que toutes les pièces, tous les rapports faits d'après l'injonction des autorités judiciaires, ayant été déposés sous les yeux des magistrats, le tribunal prononça : QUE L'AUTEUR DE LA MÉDECINE CURATIVE NE POUVAIT ÊTRE MIS EN CAUSE. (Ibidem pages 251, 252.)

L'anonyme, dont nous venons d'apprécier et le bon sens et la véracité, a donc vu succomber dans peu d'années plus de soixante et dix personnes qui ont pris vos prétendus poisons ! En supposant qu'il ait bien vu, et qu'en annonçant ce résultat de vos évacuans, il ait mis la main sur sa conscience, il nous fait connaître une grande vérité qui lui échappe sans qu'il s'en doute. Votre remède si *terrible,* selon l'anonyme, ne serait donc pas aussi vénéneux que ces saignées, ces sangsues qui sont réellement *la selle à tous chevaux* de la plus grande partie de nos praticiens ; car si l'on faisait le dénombrement de la multitude de malades qu'elles moissonnent toutes les années dans Lyon, il surpasserait infiniment la quantité de victimes que le bénévole anonyme attribue à vos médicamens. Les saignées, les sangsues sont ordinairement bien plus expéditives, car dans peu de jours, et quelquefois dans peu d'heures, elles donnent aux malades, même à ceux qui sont dans la fleur de leur âge, et qui ne sont atteints que d'une transpiration arrêtée, un passe-port pour l'autre monde. Quoique ces promptes morts ne soient que trop fréquentes, on suit obstinément ce funeste système, malgré la censure de célèbres docteurs, au nombre desquels on distingue M. Rouvière, auteur de la *Médecine sans médecin*, et membre du bureau des consultations médicales à Paris.

A la page 3 du prospectus de son ouvrage, il dit : « *Je n'ai* » *jamais été séduit par les illusions dont le docteur Brous-* » *sais a fasciné l'imagination de ses partisans ;* ces illu- » sions ne disparaissent-elles pas journellement par les » inconvéniens fréquens de son système, et surtout par la » perturbation qu'il imprime à l'économie animale ? Le » savant Bosquillon aussi n'étoit-il pas un médecin sai- » gnant à l'excès, et l'observation journalière n'est-elle » pas devenue la censure clinique de cette pratique ? » Quel étoit le résultat de ces saignées immodérées à » l'Hôtel-Dieu ? *Des guérisons moins fréquentes, et des* » *convalescences plus longues* dans les salles dont la direc- » tion médicale était confiée à ce professeur, dont l'éru- » dition étoit trop systématique »

Après cette petite digression, revenons à cette vérité que l'anonyme a laissé échapper, pour la mettre au grand jour. Nous aurons l'honneur de commencer par vous observer, Monsieur, qu'à en juger d'après les vociférations de l'anonyme, et de ses confrères, on diroit que vos médicamens sont aussi dangereux que la peste ; car ils ne cessent de répéter, *qu'il font tous les jours des nouvelles victimes, qu'ils sont un ulcère public, qu'une multitude aveugle* (parmi laquelle ils gémissent de voir des personnes distinguées par leur rang et leurs lumières) *s'élance au devant de vos illusions empyriques.* L'anonyme qui, ainsi que vos autres antagonistes, avoue que les partisans de votre

Méthode curative sont très-nombreux à Lyon, ne compte dans le laps de quelques années *qu'environ soixante et dix victimes de vos évacuans* dans une cité dont la population s'élève à près de cent cinquante mille ames. Après avoir rapproché toutes ces assertions, quoique nous ne cessons de le répeter, elles soient *vagues et dénuées de toutes preuves*, et écarté les absurdités les plus saillantes de la lettre de l'anonyme, on trouve que, contre le but de son auteur, il fait le plus grand éloge de vos évacuans, puisqu'il y déclare que, *dans le cours de quelques années*, il n'a vu succomber que soixante et dix malades qui y auraient eu recours ; qui, probablement, ne se sont pas conformés à vos prescriptions, ou qui étoient incurables, ou qui n'ont pris votre remède que lorsque épuisés par toutes sortes de causes, ils étoient sur le point d'expirer. C'est bien là le cas de dire avec le bon Lafontaine : *La montagne, après avoir jeté les hauts cris, n'accoucha que d'une souris.*

Pour ne pas devenir trop prolixe, et pour ne pas répéter ce qu'a dit avec autant de force que d'esprit l'auteur du *Charlatanisme démasqué*, nous ne nous étendrons pas davantage ; il nous suffit d'avoir mis au grand jour les calomnies et les absurdités de l'anonyme, et surtout d'avoir démontré *que votre remède n'a jamais été condamné par les tribunaux*, et qu'un célèbre chimiste a déclaré *juridiquement qu'il ne renfermait rien de nuisible à la santé, et que ses élémens et sa composition étaient consignés dans tous les ouvrages de la pharmacie.* Pour apposer le cachet de la vérité à ce que nous venons d'avancer, nous nous signons, avec l'indication de notre domicile, et nous offrons de donner, à qui de droit, des preuves multipliées de l'efficacité de votre remède.

Nous terminons en vous priant, Monsieur, de daigner publier notre lettre dans un des numéros *de votre Gazette des malades*, et d'agréer l'assurance du profond respect et de la considération la plus distinguée de ceux qui ont l'honneur d'être les soussignés, vos tous dévoués et très-reconnaissans serviteurs et servantes.

DECLARATIONS.

J'ai pris dans l'espace de trois ans 412 doses évacuantes du remède de M. Léroy, qui m'ont guéri radicalement de diverses infirmités très-invétérées qui me présageoient

(8)

une mort prématurée. Quoiqu'agé de plus de soixante ans,
et que j'aie puisé si souvent dans la prétendue *coupe empoisonnée*, je jouis maintenant d'une parfaite santé, et j'ai
tout lieu d'espérer que ce remède salutaire, que j'envi-
sage comme la véritable *fontaine de Jouvence*, prolongera
ma vie bien loin de l'abréger.

Pour justifier ma conduite, et prévenir de nouvelles attaques qui pourraient être dirigées contre moi, je dois dé-
clarer que, depuis environ trois ans, je me fais un plaisir
de faire connaître les prescriptions de la Méthode curative, aux personnes qui ne possèdent pas les œuvres im-
mortelles de M. Leroy. On ne peut me reprocher d'exercer l'art de guérir sans titre, car je ne me suis jamais an-
noncé comme un médecin, mais comme un *philantrope*,
dont l'unique but est de venir au secours du pauvre et
de l'humanité souffrante. Je me conforme scrupuleuse-
ment à l'avis du conseil d'état du 8 vendémiaire an XIV
(30 septembre 1805), publié dans le N.º 13 du Moni-
teur, dont voici la teneur : « Le conseil d'état qui, d'après
» le renvoi fait, a entendu le rapport de la section de
» l'intérieur sur celui du ministre des cultes, exposant
» que les prêtres, curés ou desservans, éprouvent des
» désagrémens, à raison des conseils ou soins qu'ils
» donnent à leurs paroissiens malades, et demandent
» l'autorisation d'écrire aux préfets, que l'intention de
» S. M. n'est pas que les curés soient troublés dans l'aide
» qu'ils donnent à leurs paroissiens, par leurs secours et
» conseils, dans leurs maladies, pourvu qu'il ne s'agisse
» d'aucun accident qui intéresse la santé publique, qu'ils
» ne signent ni ordonnances ni consultations, et que leurs
» visites soient gratuites ;
» Est d'avis qu'en se renfermant dans les limites tra-
» cées dans le rapport du ministre des cultes, ci-dessus
» analysée, les curés ou desservans n'ont rien à craindre
» des poursuites de ceux qui exercent l'art de guérir, ou
» du ministère public chargé du maintien des réglemens,
» puisqu'en donnant seulement des conseils et des soins
» gratuits, *ils ne font que ce qui est permis à la bien-
» faisance et à la charité* DE TOUS LES CITOYENS, *ce que
» nulle loi ne défend, ce que la morale conseille, ce que
» l'administration provoque*, et qu'il n'est besoin, pour
» assurer la tranquillité des curés et des desservans,
» d'aucune mesure particulière. »

On voit donc que le législateur, qui a établi des lois sur l'exercice de la médecine, a prouvé que son intention n'était pas de mettre un obstacle à celui de la charité chrétienne. Il s'en est expliqué clairement dans la loi du 19 ventôse an XI, titre 6. Conformément à l'avis du conseil d'état que je viens de transcrire, je ne fais ni ordonnance, ni consultation, et ne reçois d'autre salaire que l'amitié des malades, quand ils veulent bien me l'accorder ou me la continuer après leur guérison. Ce ne serait pas exercer la médecine que d'indiquer, que d'expliquer les aphorismes d'Hipocrate, de Bœrrhave, les ordonnances de Buchan et autres médecins célèbres ; et ce ne sera jamais exercer *l'art de guérir* que d'aider, quoique l'on guérisse, à la marche de la *Médecine curative.*

M'objecterait-on que mon pharmacien ne peut débiter des préparations médicinales ou drogues composées, autrement que sur des ordonnances signées de docteurs en médecine ou en chirurgie, ou d'officiers de santé ? Dans ce cas, je répondrais qu'il lui serait bien facile de se procurer des ordonnances de M. Leroy ou de tout autre docteur ; mais j'estime que son ordonnance et ses diverses prescriptions étant publiées dans un ouvrage intitulé : *La Médecine curative,* imprimé au vu et au su du Gouvernement, qui l'a laissé parvenir jusqu'à sa douzième édition, sans prendre aucune mesure de police contre sa publication, son remède est par le fait devenu *officinal,* d'autant plus que ses élémens et sa composition sont consignés dans tous les ouvrages de pharmacie. Pour composer un semblable remède, il est évident que le pharmacien n'a besoin que de l'ordonnance imprimée et signée par un médecin ou officier de santé ; la loi ne disant point du tout que les ordonnances doivent être *manuscrites,* et que l'on ne doit point avoir égard à celles qui sont imprimées, sans quoi, par analogie, on ne devrait respecter les ordonnances du roi, que lorsqu'on les verrait écrites de sa main.

Il faut cependant distinguer l'ordonnance *officinale* de celle qui n'est que *magistrale ;* car la dernière est une ordonnance qui est composée par un docteur, qu'il croit convenir à certains cas ; alors cette ordonnance n'étant pas imprimée, il faut nécessairement qu'elle soit manuscrite et signée par le médecin qui l'a rédigée, pour que le pharmacien soit autorisé à la confectionner. Quels entraves n'éprouverait pas, le pharmacien, s'il ne pouvait débiter ses remèdes ou drogues composées que sur une ordonnance spéciale d'un médecin; et quel nouveau fardeau n'accablerait pas le pauvre si, pour la moindre drogue dont il aurait besoin, il lui fallait une ordonnance du médecin et par conséquent payer sa consultation! Sous ce point de vue, la loi serait oppressive, car, dans combien de cas le pauvre n'ayant que l'argent nécessaire pour se procurer un remède, serait-il obligé de s'en passer et de voir l'état de sa maladie s'aggraver? Le tribunal de police correctionnelle de Lyon entra parfaitement dans l'esprit de la loi, lorsque, ayant été traduit devant lui par M. le procureur du roi, le 16 décembre 1823, il me renvoya de la plainte portée contre moi. Voici l'extrait de cette sentence où brille la justice et l'impartialité de mes juges qui, après avoir entendu ma défense, par l'organe de mon éloquent défenseur, M. Henri Valois, prononcèrent : « Considérant qu'il est constant que le sieur Curchod a » vendu et distribué les remèdes du sieur Leroy, qu'il a » fait confectionner, *selon l'ordonnance de cet officier de* » *santé*, par le sieur Montagnier, pharmacien exerçant » à Lyon; que dès-lors l'article 33 de la loi du 21 germi-» nal an XI ne lui est pas applicable, etc. etc. »

Je n'avais point produit d'ordonnance manuscrite de M. Leroy, mais le tribunal sachant qu'elle était imprimée, publiée, et que mon pharmacien en avait connaissance, n'en exigea pas la production, parce que cette ordonnance était *officinale* ; par conséquent M. Montagnier avait le droit de la confectionner. Cette sentence, qui m'a pénétré du plus profond respect et de la plus vive reconnaissance envers mes juges, à qui j'étais entièrement inconnu, est et sera désormais mon *palladium*, puisqu'elle a acquis la force *de chose jugée*.

Pour prouver que je ne suis pas un *marchand de poison*, ainsi que le prétend le bilieux anonyme, j'ai dû recueillir quelques preuves des salutaires et merveilleux effets des évacuans de M. Leroy sur des personnes vivantes, bien portantes et domiciliées à Lyon. Ce n'est qu'une bien faible partie de toutes celles que je pourrais indiquer; mais si *les faits* pouvaient désabuser MM. les praticiens, je me ferais un plaisir et même un devoir de leur donner tous les renseignemens qui dépendraient de moi, et qui, j'ose m'en flatter, convaincraient *les véritables philantropes*. Ce n'est que de cette manière que l'on pourrait terminer une lutte qui ne fait pas honneur à notre siècle, et arrêter ce débordement d'injures qui ne prouve que la faiblesse des moyens de ceux qui y ont recours, quoi qu'on ne cesse de leur répéter *que des injures ne sont pas des raisons*. J'ai bien envain multiplié mes offres de *preuves*, mais je n'ai parlé qu'à des sourds, qui ont des raisons péremptoires pour ne pas ouvrir les oreilles, parce que l'on préfère des préjugés qui sont des mines d'or intarissables; plutôt que d'ouvrir les yeux pour reconnaître une vérité très-utile, mais peu productive *pour les marchands d'ordonnances et de remèdes.*

Je déclare que j'ai été guéri de douleurs rhumatismales, de vertiges et de dartres invétérées par l'usage des médicamens de M. Leroy; signé Faugier, prêtre, aumônier du saint Rosaire de saint Pierre de Lyon.

Depuis plus de douze années j'étais atteinte d'une humeur de rache des plus maligne; elle m'occasiona des plaies aux jambes qui s'envenimaient tous les jours davantage, en sorte que, depuis huit ans, je ne pouvais marcher qu'avec des béquilles. En 1824 le mal fut porté à son comble, je devins presque aveugle; tout mon corps, depuis la tête à la plante des pieds, était couvert de plaies et de larges plaques de boutons virulens; j'avais des maux de tête, d'yeux, de dents, d'oreilles, de col et d'estomac; j'étais oppressée et je ne pouvais digérer que les alimens les plus légers; j'étais si faible, que depuis huit mois, je ne pouvais quitter mon fauteuil que pour me traîner dans mon lit de douleurs; je ne pouvais boire ni avaler qu'avec la plus grande difficulté; en un mot, il ne me restait plus, à la fin d'août dernier, qu'un souffle de vie, et j'invoquais la mort à grands cris. Des médecins très-accrédités avaient en vain tenté de me guérir; j'avais eu recours, mais bien inutilement, à toutes sortes de remèdes excepté *au bon*, contre lequel on avait inspiré à mes parens, bien malheureusement, les plus grands préjugés; cependant ils n'avaient rien épargné pour rétablir ma santé; enfin, me voyant réduite à l'extrémité, ils se déterminèrent à me le donner le 23 août 1824, en suivant les conseils d'un honnête homme qui, sans autre intérêt que celui de soulager l'humanité souffrante, m'indiquait les prescriptions de M. Leroy. Ce n'est qu'à ce célèbre médicament à qui je dois, après Dieu, le rétablissement de ma santé et la destruction de presque toutes mes infirmités, après avoir vu la mort de bien près. Je n'ai plus qu'un reste de sérosité qui se porte de temps en temps sur les yeux, mais dont j'ai tout lieu d'espérer de venir bientôt à bout. Depuis le commencement de décembre dernier, je n'ai plus besoin de béquilles; je n'ai sur tout mon corps ni plaies, ni boutons. Toutes mes fonctions naturelles se font très - régulièrement. J'ai beaucoup d'appétit, je digère même la salade; j'ai recouvré mes forces, le sommeil, de la gaîté, les couleurs qui sont les signes certains d'une bonne santé, et même de l'embonpoint. Cependant, depuis la fin d'août dernier jusqu'au 9 juin, j'ai pris courageusement 190 doses évacuantes de ce remède qui est la bête noire des médecins; les deux premiers mois j'en prenais six doses par semaine, et je ne me reposais que le dimanche. Je n'ai pu m'empêcher de lever les épaules quand j'ai appris à quel point un anonyme a cherché à décréditer le remède de M. Leroy, et au lieu d'avoir peur, j'ai éclaté de rire, quand on m'a raconté qu'il assurait que ce médicament était *incendiaire, corrosif, et qu'il formait une espèce de vésicatoire qui creuserait lentement mon tombeau;* ce sont, au contraire, les mauvaises humeurs que récelait mon corps, et qu'il a expulsées, qui m'y faisaient descendre. J'invite l'anonyme à me faire une petite visite; elle l'engagera peut-être à chanter la palinodie et à faire amende honorable. Signé Blandine Burgod, rue Plat-d'Argent, n° 14.

Je déclare que j'ai eu recours, ainsi que ma femme et deux de mes fils, aux évacuans de M. Leroy, pour nous guérir de diverses affections, et que nous nous en sommes parfaitement trouvés. Nous y avons la plus grande confiance, surtout depuis qu'ils ont sauvé la vie à notre chère Blandine, ce que dans les commencemens nous n'osions espérer, vu la situation déplorable où elle était réduite; signé, Burgod, père *de l'échappée à la mort;* pour ma femme, Burgod; Benoît Burgod, frère de la susdite, rue Plat-d'Argent, n° 14.

Je ne répéterai pas ici tous les détails de la cruelle maladie dont mon épouse était atteinte depuis douze ans, et qui sont consignés sous le numéro 99 de *la Médecine curative, prouvée et justifiée par les faits*. Je me bornerai à rappeler qu'elle commença son traitement en septembre 1818, et que dans l'espace de deux ans et neuf mois elle prit environ 500 doses évacuantes du remède de M. Leroy, qui rétablirent sa santé. Dès-lors, ressentant de temps en temps quelques retours d'une humeur maligne et tenace, elle a encore pris au moins 300 doses évacuantes, à qui elle doit la prolongation de sa vie; actuellement elle jouit d'une bonne santé, qui est le fruit de son courage et de sa persévérance. Quoique dans le cours de sept ans elle ait pris environ huit cent doses de ce remède prétendu *corrosif* et *incendiaire*, elle n'éprouve aucun symptôme de ce *vésicatoire intérieur*, dont l'anonyme cherche à épouvanter les nombreux partisans de M. Leroy; elle considère toute sa lettre comme un de ces contes dont on se sert pour épouvanter les enfans, mais qui ne peuvent avoir aucune influence sur les personnes qui lisent, réfléchissent et profitent des leçons de l'expérience. Ne pouvant entrer ici dans de trop grands détails, je dirai en peu de mots, que mon père, ma femme, mes enfans, mon frère, mes parens et amis, ainsi que moi-même, nous continuons d'avoir recours aux précieux évacuans de M. Leroy, et que, pénétrés de la plus vive reconnaissance, nous bénissons l'auteur de *la Médecine curative*, dont les principes et les remèdes triompheront tôt ou tard du caquetage des perroquets, des préjugés, des calomnies et des persécutions qui ne font que réhausser sa gloire; signé Janard, rue de l'Arbre-Sec, n° 15.

Tourmenté d'une sérosité maligne qui, depuis dix ans, se portait successivement sur diverses parties de mon corps, principalement sur la poitrine et sur les reins où j'éprouvais un grand feu, j'ai eu recours, mais bien inutilement, à tous les remèdes que divers médecins m'avaient indiqués. La cruelle position où je me trouvais, me décida, il y a environ deux ans, à avoir recours au remède de M. Leroy, de l'efficacité duquel diverses informations m'avaient convaincu. J'en ai pris au moins 600 doses, tant vomitives que purgatives qui, il est vrai, ne m'ont pas encore guéri radicalement, mais m'ont procuré un grand soulagement, et j'ai tout lieu d'espérer qu'en continuant de me conformer aux prescriptions de *la Mé-*

decine curative, je triompherai d'un mal aussi opiniâtre qu'invétéré. Mon teint est coloré et très-clair, j'ai un bon appétit et de l'embonpoint; je ne suis, malgré mes fréquentes évacuations, nullement affaibli, et je n'aperçois en moi aucun de ces fâcheux et sinistres symptômes dont parle l'anonyme, qui ne peuvent effrayer que les personnes trop crédules ou qui ferment les yeux à la lumière la plus éclatante.

Ma femme éprouvait une grande lassitude et un grand feu dans diverses parties de son corps, qui augmentait considérablement, lorsqu'elle avait pris de l'exercice. Pendant trois ans elle a consulté un médecin très-renommé; mais tous ses remèdes palliatifs étant insuffisans, elle a pris, à diverses reprises, environ 60 doses du remède de M. Leroy; maintenant elle a lieu de se croire radicalement guérie, et elle n'ajoute aucune foi aux prophéties de l'anonyme démenties par le bon sens, la vérité et surtout *par l'expérience*.

Mon fils, âgé de deux ans et demi, atteint d'une toux sèche et d'une sérosité qui se portait sur la poitrine, et qui souvent était sur le point de l'étouffer, a été guéri radicalement par deux doses vomitives et quatre purgatives du remède de M. Leroy.

Ma sœur, âgée de onze ans, avait une humeur de rache qui se portait sur la poitrine, et ensuite sur les nerfs qu'elle crispait tellement, que ses bras, ses mains et ses jambes étaient tordus; sa langue était devenue noire. Elle a pris environ 130 doses du prétendu poison de M. Leroy, qui l'ont radicalement guérie, parce qu'elles ont expulsé *la cause efficiente* de ses convulsions, c'est-à-dire une sérosité très-maligne, pendant que des calmans l'auraient concentrée et rendue incurable.

Ma belle-sœur, quoique âgée de dix-huit ans, n'était pas encore nubile, mais 50 doses du susdit remède ont débarrassé son sang des humeurs qui en obstruaient le cours naturel, et actuellement elle jouit d'une parfaite santé, ce qu'atteste Pierre Carteron aîné, fabricant d'étoffes de soie, rue Buisson, n°. 12.

Ma fille n'était âgée que de quatre ans et demi, lorsque, en 1823, elle fut attaquée de crises nerveuses qui, tous les jours, prenaient un caractère plus alarmant. Depuis cette époque, jusqu'à la fin de 1824, je consultai successivement six docteurs en médecine, de Lyon, des plus accrédités ; mais toutes leurs ordonnances et remèdes étaient infructueux, parce qu'ils ne tendaient qu'à calmer, adoucir, et non à évacuer la véritable cause de la maladie, qui, étant concentrée, acquérait plus d'intensité. En effet, les crises nerveuses, qu'un de mes docteurs prétendit être des attaques d'épilepsie, s'augmentèrent à un tel point, que la malade en avait quelquefois jusqu'à douze par jour. Alors elle écumait, et tous ses membres se tordaient, ainsi que sa bouche. A la fin de décembre dernier, elle tomba dans un état de paralysie complet ; elle paraissait sur le point d'expirer, car à peine donnait-elle quelque léger signe de vie. Aussi le dernier docteur que je consultai, me dit qu'elle était perdue, et qu'elle n'avait plus que quelques jours à vivre. Ce fut dans cet état désespéré, qu'ayant entendu parler des merveilleux effets des évacuans de M. Leroy, je résolus d'y avoir recours à tout hasard, puisque ma pauvre petite était condamnée par la faculté. Les dix premières doses vomitives et purgatives la rappelèrent à la vie, et au bout de vingt jours d'évacuations continuelles, ses crises cessèrent pendant près de deux mois, et son état s'améliorait à vue d'œil. Mais, au mois de mars, à l'époque du retour du printemps, de nouvelles crises s'annoncèrent à quelques jours d'intervalle ; elles n'étaient ni si fréquentes ni si violentes que ci-devant. Ma fille, âgée de près de six ans, est actuellement à la campagne, chez des parens qui lui administrent quatre doses évacuantes par semaine ; mais sa guérison est retardée, parce qu'on a beaucoup de peine à les lui faire prendre, à cause de sa répugnance. Cependant, le changement qui s'est opéré en elle me fait espérer sa guérison radicale, pourvu que je puisse activer le traitement conformément aux prescriptions de la Médecine curative. Elle n'est plus paralysée, car maintenant elle marche, elle a repris des forces, et mange avec plus d'appétit, sans avoir aucune peine d'avaler comme en décembre dernier. Enfin, je puis dire en toute vérité que le remède de M. Leroy l'a ressuscitée, et lui a sauvé la vie. En foi de quoi je me suis signé. Lyon, ce 9 juin 1825. Quai de la Baleine, n° 17. D. PLANUT, *Teinturier.*

Je déclare que, ayant été atteint depuis l'âge de sept ans d'un violent mal de tête qui avait résisté à tout l'art d'un habile médecin, il a été guéri par environ quarante doses des évacuans de M. Leroy, et que dès-lors je jouis d'une parfaite santé.

Les mêmes évacuans ont aussi guéri radicalement ma femme de douleurs rhumatismales aux jambes, dont elle était tourmentée depuis dix ans, et qui avaient fini par la rendre impotente. — Je désirerais vivement que ce prétendu poison fût adopté généralement, et que son triomphe fermât la bouche à ceux qui le dénigrent plutôt par état que par conviction. Signé HANRIOT, quai de la Baleine, n° 12.

Nous soussignés, déclarons avoir éprouvé les meilleurs effets du remède de M. Leroy, qui nous ont guéris de diverses affections très-graves et très-dangereuses, dont nous sommes prêts à donner des détails aux personnes qui voudraient s'éclairer et se désabuser des préjugés que l'ignorance ou la malveillance ont accrédités, mais dont on reconnaît tous les jours la futilité. Signés, Lavarenne aîné, rue Champié, n° 1; Louise Lavarenne, née Genevet; Saint-Jean; Laurence Saint-Jean, née Mercier; Gros. Tous demeurant dans la même maison. Lavarenne cadet, à la Guillotière, rue de la Croix, n° 21.

Ayant été atteinte d'une maladie de poitrine des plus grave, qui m'avait réduite aux portes du tombeau, j'en ai été radicalement guérie par environ trente doses évacuantes du remède de M. Leroy. Signé, Martin, née Desprez, rue Saint-Côme, n° 6.

J'ai pris, en diverses fois, le remède de M. Leroy, qui m'a fait le plus grand bien, ainsi qu'à ma femme attaquée d'une paralysie à la langue, qui l'empêchait de parler, et dont elle est radicalement guérie. Signé, Joseph Thevenin, âgé de 78 ans, officier de gendarmerie retraité, rue de l'Epine, n° 4.

Je déclare que les évacuans de M. Leroy m'ont guéri d'un catarrhe pulmonaire aigu, qui menaçait ma vie, et dont j'avais en vain tenté la cure par des sangsues et des adoucissans. Signé, Ant. Marguerat, teneur de livres, rue Dubois, n° 1.

Je déclare que le remède de M. Leroy m'a guérie radicalement d'une obstruction au foie, qui depuis treize ans résistait à tout l'art des médecins, et d'une hydropisie qui me survint à la suite de tous les remèdes palliatifs que j'avais pris; et que, depuis sept ans, j'y ai recours avec succès toutes les fois que je suis incommodée. Signé, femme Kramer, quai Villeroi, n° 10.

Nous déclarons, qu'ayant été atteints de grands maux de reins, d'estomac, de tête, de violentes coliques, ainsi que d'une transpiration arrêtée, nous n'en avons été guéris que par les évacuaus de M. Leroy. L. Blin, femme Blin, née Valois, rue St-Alban, n° 2.

A Lyon, ce 19 juin 1825.

PRIX : 5o cent.

Se trouve chez LIONS, Libraire, place Louis-le-Grand, n° 20; et chez C.-H. CURCHOD, rue du Plat, n° 4, au quatrième étage, sur la droite, au fond du corridor.

IMPRIMERIE DE COQUE, RUE DE L'ARCHEVÊCHÉ, N° 3.